家居装修设计 HOME DECORATION DESIGN

白金版

3000例

细部设计

DETAIL DESIGN

李江军 编

中国电力出版社

CHINA ELECTRIC POWER PRESS

内容提要

　　本书具有海量图片、设计新颖、分类详细、文字知识实用、借鉴价值高等特点。书中不仅展示了 750 个代表国内最高设计水平的效果图案例，而且专门邀请了十多名经验丰富的室内设计师总结归纳在实际装修中的心得，编写了 58 个原创装修贴士，从材料、设计、施工、软装等几个角度解答业主在装修过程中遇到的普遍性问题，为广大读者提供非常有价值的装修参考。

图书在版编目（CIP）数据

家居装修设计3000例 ：白金版. 细部设计 / 李江军编. — 北京 ：中国电力出版社，2015.7（2017.12重印）
ISBN 978-7-5123-7713-4

Ⅰ．①家⋯ Ⅱ．①李⋯ Ⅲ．①住宅－室内装修－建筑设计－细部设计－图集
Ⅳ．①TU767-64

中国版本图书馆CIP数据核字(2015)第097422号

中国电力出版社出版发行
北京市东城区北京站西街19号　　100005　　http：//www.cepp.sgcc.com.cn
责任编辑：曹巍　　责任印制：蔺义舟
北京盛通印刷股份有限公司印刷 · 各地新华书店经售
2015年7月第1版 · 2017年12月第7次印刷
700mm×1000mm　1/12 · 10印张 · 186千字
定价：39.00元

目录 CONTENTS

床头墙 [布艺硬包 + 木线条收口]

顶面 [石膏板造型 + 墙纸]　床头墙 [木饰面板装饰凹凸背景刷白]

床头墙 [皮质软包 + 木线条收口]

床头墙 [石膏板造型 + 灯带 + 墙纸]

床头墙 [木饰面板装饰凹凸背景刷白]

床头墙 [布艺软包]

床头墙 [墙纸]　电视墙 [彩色乳胶漆]

顶面［石膏板造型＋灯带］　床头墙［墙纸］　　　　床头墙［布艺软包＋木线条收口］

床头墙［皮质软包＋实木线装饰套］　　床头墙［布艺软包＋木线条收口］　　床头墙［墙纸＋木线条收口］

床头墙［布艺硬包＋白色护墙板］　　电视墙［木线条装饰框刷白］

软装扮家　　　　　　　　 装修小技巧

卧室的色彩会影响到睡眠质量，设计时注意哪些技巧？

卧室的色彩应以统一、和谐、淡雅为宜，一般以床上用品为中心色，如床罩为杏黄色，那么，卧室中其他织物应尽可能用浅色调的同种色，如米黄、咖啡等，最好是全部织物采用同一种图案。不要使用对比强烈的色彩，比如一黑一白等，避免给人很鲜明的感觉，这样容易使大脑兴奋而不易入睡。想让卧室走优雅路线，就要放弃艳丽的颜色，略带灰调的颜色，如灰蓝、灰紫都是首选。比如，灰白相间的花朵墙纸就可把优雅风范演绎到极致。

床头墙［布艺软包＋银镜］

床头墙［布艺软包＋装饰挂画］

床头墙［木线条装饰框刷白＋银镜］

床头墙［不锈钢线条装饰框］

床头墙［布艺硬包］

电视墙［墙纸＋定制收纳柜］

床头墙［水曲柳饰面板］

顶面 [石膏板造型刷白]　床头墙 [墙纸]　　　　　　　　床头墙 [皮质软包 + 黑镜 + 木线条喷金漆收口]

床头墙 [布艺软包 + 木线条收口]　　　床头墙 [墙纸 + 纱幔]　　　　　　　床头墙 [布艺软包 + 黑镜]

顶面 [石膏浮雕]　地面 [拼花木地板]

软装扮家

装修小技巧

如何选择卧室的灯饰，才能与整体相协调？

　　纯白色的卧室中，最好是选择外观色彩较为丰富的灯具，那样才能避免房间过于单调，不至于感觉乏味。卧室里是粉色的家纺用品，可以配合上暖色调灯光，打造一种温馨甜美的氛围。如果卧室里大部分家具都是黑色的，再加上暗色墙纸，这个时候就需要白色光源的补充，以白光来与卧室环境适当配合。黄色的暖光源给人一种温馨的感觉，有助于睡眠。如果是田园风格的卧室，最普遍的灯具选择就是采用小碎花布艺灯罩。

床头墙［布艺软包＋黑镜］

床头墙［布艺软包＋白色护墙板］　　地面［拼花木地板］

床头墙［皮质软包＋木质装饰背景刷白］

床头墙［皮质硬包＋银镜］

床头墙［布艺软包＋金属线条收口］

床头墙［布艺硬包＋银镜］

顶面［石膏浮雕］　　地面［拼花木地板］

床头墙 [布艺软包 + 墙纸]

床头墙 [定制壁画 + 墙纸 + 实木护墙板]

床头墙 [石膏板挂边 + 墙纸]

床头墙 [墙纸 + 柚木饰面板]

床头墙 [布艺硬包 + 黑檀饰面板]

床头墙 [定制壁画 + 木线条收口 + 墙纸 + 实木护墙板]

软装扮家

装修小技巧

如何选择卧室窗帘的颜色，才能营造出温馨宜人的氛围？

作为装修的组成部分，卧室窗帘的颜色也是相当重要的。选择卧室的窗帘时要与墙面、地面及床品的色调相匹配，以便形成统一和谐的环境美。墙面是白色或淡象牙色，家具是黄色或灰色，窗帘宜选用橙色；墙面是浅蓝色，家具是浅黄色，窗帘宜选用白底蓝花色；墙面是黄色或淡黄色，家具是紫色、黑色或棕色，窗帘宜选用黄色或金黄色；墙面是淡湖绿色，家具是黄色、绿色或咖啡色，窗帘选用中绿色或草绿色为佳。

顶面［金箔］　床头墙［墙纸＋小鸟壁饰］

顶面［石膏浮雕］　床头墙［布艺软包＋木饰面板装饰框刷白］

床头墙［墙纸＋木搁板＋墙面柜］

床头墙［定制壁画＋墙纸＋木线条收口］

床头墙［墙纸＋木线条刷白收口］

床头墙［墙纸］

床头墙［布艺软包］

床头墙［布艺硬包 + 墙纸］

床头墙［布艺软包 + 木线条收口］

面［拼花木地板］

床头墙［墙纸 + 装饰挂画］

床头墙［布艺软包 + 白色护墙板］

头墙［彩色乳胶漆 + 皮质硬包 + 木饰面板装饰框］

软装扮家　　装修小技巧

美式风格的卧室表现出自由随性，软装搭配注意哪些技巧？

卧室中靠墙部分可放置五斗柜或六斗柜，五斗柜上面可放置铁艺摆件、金属烛台、复古相架来烘托整体气氛。六斗柜上面可放置大型的花瓶。床头柜上可以放置台灯、闹灯摆件、花瓶等，雕花的饰面纹样。梳妆台在卧室中必不可少，梳妆台上可放置精美的工艺摆件，如花瓶、烛台、瓷器人物雕像，浅色系为主。卧室里也可以放置书桌，椅子等，书桌上放置台灯、书、相框、电脑等办公用品，复古的闹钟等小饰品的点缀可以烘托出整体氛围。

床头墙 [布艺软包 + 车边灰镜倒角]

床头墙 [布艺软包 + 木线条刷黑漆收口]

床头墙 [皮质软包 + 白色护墙板]

床头墙 [白色乳胶漆 + 木搁板]

床头墙 [皮质软包 + 柚木饰面板]

顶面 [石膏板装饰梁] 床头墙 [布艺软包]

床头墙 [樱桃木饰面板 + 木质顶角线]

床头墙［定制壁画 + 木线条收口 + 墙纸］　　　　　床头墙［布艺软包 + 实木护墙板］　　地面［拼花木地板］

床头柜［皮质软包］　电视墙［定制收纳柜］　床头墙［布艺软包 + 木线条收口］　　　　居中墙［照片组合 + 白色护墙板］

头墙［墙纸 + 木饰面板装饰框］

设计技巧

装修小技巧

卧室床头的插座位置应如何预留，才不会被家具挡住？

卧室的床头两边通常都会预留插座位置，但是不同风格床的外观尺寸有所不同，比如，美式的家具相对都比较高，因此应考虑插座的位置，不能想当然的只留出常规床的尺寸。应尽量在布排水电的时候将床的款式看好，提供尺寸给设计师，这样插座的位置才能够恰到好处地放在床头柜上面而不会被挡住。床头插座数量的安排应该考虑实际，考虑到电源线的长度以及使用的方便性，开关和插座的组合应该尽量设计成一组，以方便正常的使用而不会造成安全隐患。

床头墙［墙纸＋装饰挂画］

床头墙［布艺软包＋水曲柳饰面板装饰框显纹刷白］

床头墙［布艺软包］

地面［拼花木地板］

床头墙［墙纸＋装饰挂画］

床头墙［墙纸］

床头墙［布艺软包＋木线条收口］

14

头墙［皮质软包 + 木线条收口 + 墙纸］

床头墙［皮质软包 + 木线条收口刷金漆 + 墙纸］

头墙［皮质软包 + 墙纸］

床头墙［布艺软包 + 木线条刷白收口］

床头墙［皮质软包 + 木饰面板装饰框］

头墙［墙纸 + 皮质软包 + 木线条收口］

软装扮家

装修小技巧

卧室中摆放梳妆台，布置时应注意哪些技巧？

梳妆台不仅是布置卧室时不可或缺的家具，也关系到业主生活上的梳妆打扮和日常护理。可以尝试把梳妆台与床头柜连成一体，镜面尽量不要照床头。也可以把梳妆台摆放在墙面的夹角处，使空间利用最大化。梳妆台不仅要有足够的储物空间，因为女人的瓶瓶罐罐是很多的，而且也要预留插座，为使用吹风机提供便利。需要注意的是，预留的插座位置尽量不要留在梳妆台下面，还要注意留在台面上不要被镜子挡住。

居中墙［彩色乳胶漆 + 照片组合］

床头墙［布艺软包 + 墙纸］

床头墙［皮质软包 + 木线条刷白收口］

床头墙［墙纸 + 木质罗马柱］

床头墙［布艺硬包 + 实木护墙板］

电视墙［墙纸 + 木搁板］

床头墙［布艺硬包 + 红檀饰面板］

顶面［木线条走边］　床头墙［布艺软包＋实木护墙板］

顶面［金箔］　床头墙［布艺硬包＋墙纸］

床头墙［布艺硬包＋木线条装饰框刷白］

床头墙［金属线条装饰造型＋烤漆玻璃］

床头墙［布艺软包＋白色护墙板］

床头墙［木搁板］

设计技巧　　装修小技巧

**正确摆放卧室衣柜可以节省空间，
布置时分为哪几种形式？**

　　房间的长大于宽的时候，在床边的位置摆放衣柜是大多数人选择的方法。在摆放的时候，衣柜最好离床边的距离大于1m，这样可以方便日常的走动。房间的宽大于长的时候，最好把衣柜的位置放在床的对面，保证柜门与床尾之间的距离在800mm左右即可。有些房间在床的两侧不好放置衣柜，可以把衣柜放置在床的对面，在做水电的时候安排好电源，把电视机放置在衣柜内，最好使用开门。

床头墙［布艺软包＋木线条刷白收口＋墙纸］

床头墙［布艺软包］　电视墙［墙纸］

床头墙［墙纸＋装饰挂画］　电视墙［定制书桌］

床头墙［皮质软包＋纱幔］

床头墙［布艺软包＋银镜］

电视墙［墙纸＋钢化绿玻璃］

电视墙［墙纸＋装饰搁架］

床头墙 [皮质软包 + 木线条收口]

床头墙 [墙纸 + 布艺软包]

床头墙 [布艺软包]　地面 [拼花木地板]

床头墙 [布艺软包 + 中式木花格贴银镜]

居中墙 [彩色乳胶漆 + 照片组合]

床头墙 [彩色乳胶漆]

材料妙用

装修小技巧

现场制作衣柜和成品衣柜各有什么特点，选择时应注意哪些问题？

　　现场制作衣柜的优点是材料的质量可以直接看到，柜体与顶面的结合处比较容易合缝，柜体的侧面用石膏板直接封面，可以避免柜体的材料和墙体交接时开裂。成品衣柜的优点是污染少，移动灵活，造型美观，可以请专业的衣柜厂家上门测量定做，完成以后再搬入卧室当中。成品衣柜的缺点是尺寸不能完全吻合，如果不到顶的话，柜上还会有积灰。所以在设计之前就应确定好柜子的尺寸，上下左右都要留出合适的尺寸。

隔断［密度板雕花刷白］

电视墙［皮质硬包］

床头墙［布艺硬包 + 墙纸］

床头墙［布艺软包］

床头墙［墙纸 + 实木护墙板］

床头墙［皮质软包 + 密度板雕花刷白］

床头墙［皮质软包 + 木线条收口］

床头墙 [墙纸 + 纱幔]   顶面 [石膏板造型 + 灯带]   床头墙 [墙纸]

床头墙 [布艺软包 + 不锈钢线条装饰框]   床头墙 [布艺硬包 + 车边茶镜倒角]   床头墙 [皮质软包 + 墙纸]

床头墙 [白色乳胶漆 + 装饰挂画]   隔断 [木格栅]

软装扮家   装修小技巧

卧室中摆设床头柜承担收纳功能，布置时应注意哪些问题？

实木的床头柜比板式的结实，不建议选择玻璃材质。床头柜应与床保持一致的高度或略高于床，距离在10cm以内。如果床头柜放的东西不多，可以选择带单层抽屉的床头柜，不会占用多少空间。如果需要放很多东西，可以选择带有多个陈列搁架的床头柜，陈列搁架可以陈列很多饰品，同样也可以收纳书籍等其他物品，完全可以根据需要调整。如果房间面积较小只能放一个床头柜，可以选择造型比较独特的，以弱化单调感。

床头墙［墙纸 + 白色护墙板］

床头墙［布艺软包 + 白色护墙板］

床头墙［皮质软包 + 木线条刷白收口］

床头墙［布艺软包 + 实木护墙板］

顶面［木地板贴顶］

电视墙［定制衣柜］

床头墙［彩色乳胶漆 + 纱幔 + 装饰搁架刷白］

床头墙［布艺硬包＋灰镜＋金属线条装饰框］

床头墙［白色烤漆面板］ 地面［强化地板］

顶面［石膏板造型＋灯带］

床头墙［墙纸＋纱幔］

床头墙［布艺软包＋不锈钢线条］

床头墙［布艺硬包＋石膏板挂边］

设计技巧

装修小技巧

儿童房布置注重安全性，设计时应注意哪些要点？

　　儿童房的布置要以温馨、活泼为主，但是一定要注意安全性，如果有较低的窗户或者飘窗，一定要设置围栏，避免发生意外。儿童房墙面的用材应该从孩子的角度出发，小孩子喜欢在墙面画画、贴纸，如果单纯采用普通的乳胶漆或墙纸，后期打理起来有难度，因此护墙板是一个不错的选择，也可以考虑黑板漆。儿童房的睡床可以靠墙摆放，使得原本床边的两个过道并在一起，形成一个很大的活动空间，而且床靠边对儿童来讲也是比较安全的。

居中墙［墙纸 + 白色护墙板］ 地面［拼花木地板］

床头墙［皮质软包 + 木线条装饰框］

床头墙［皮质软包 + 木线条装饰框 + 墙纸］

床头墙［彩色乳胶漆］ 居中墙［定制吊柜 + 灯带］

床头墙［布艺硬包 + 木线条收口刷白］

床头墙［布艺硬包 + 木线条收口 + 墙纸］

床头墙［墙纸 + 木线条装饰框 + 皮质硬包］

床头墙 [布艺硬包 + 木线条收口]

床头墙 [皮质硬包]   隔断 [爵十白大理石矮墙]

电视墙 [墙纸 + 木搁板 + 珠帘]

床头墙 [布艺软包 + 木线条装饰框 + 墙纸]

床头墙 [柚木饰面板 + 装饰壁龛]

头墙 [皮质软包 + 白色护墙板]

设计技巧

装修小技巧

儿童房中摆放高低床，设计时应注意哪些问题？

如果要满足老人照顾小孩的生活需求，那么儿童房采用高低床将是不错的选择。一方面满足小朋友活泼好动的性格，有个梯子可以上下攀爬；另一方面也能方便老人居住。但要注意的是，一方面松木床具不可避免地存在着氧化的问题，颜色会逐渐变深，所以要尽量避免阳光的直射，以减缓木色变深的速度；另一方面要考虑到吊顶的高度以及主灯的位置，因为在上铺时，距离天花板的距离已经不是很大，再加上灯具的话，会影响后期的使用。

隔断［装饰方柱］ 右墙［墙纸＋装饰壁龛］　　地面［米色地砖夹黑色小砖斜铺］ 隔断［实木罗马柱］

右墙［马赛克拼花＋定制鞋柜］

隔断［密度板雕花刷白］

右墙［定制鞋柜］　　地面［米黄色地砖斜铺＋波打线］　　居中墙［定制鞋柜＋墙纸＋灯带］

顶面［杉木板造型刷白 + 木质装饰梁］ 地面［仿古砖］　　顶面［木质装饰梁］ 隔断［定制鞋柜 + 木网格］

地面［大理石拼花 + 波打线］　　左墙［定制鞋柜 + 黑镜］　　居中墙［嵌入式鞋柜 + 墙纸］

中墙［不锈钢线条造型 + 装饰方柱］

设计技巧　　装修小技巧

玄关有哪些实用功能，设计时应注意哪些技巧？

玄关的实用功能不少，比如家里人回来，可以随手放下雨伞、换鞋、放包。目前比较常用的做法是在实现上述功能的基础上，将衣橱、鞋柜与墙融为一体，巧妙地将其隐藏，外观上则与整体风格协调一致，与相邻的客厅或厨房的装饰融为一体。玄关还可以起到遮挡的作用，大门一开，有玄关阻隔，外人对室内不能一览无余。玄关的设计根据每个家庭实际需求和空间面积而定，若空间不够，就在入门处放一张柔软的垫子，摆一张换鞋的凳子也能起到玄关的作用。

地面［微晶石地砖 + 波打线］　　　　　　　　　　　　顶面［墙纸］　地面［地砖拼花 + 波打线］

地面［啡网纹大理石波打线］　　　居中墙［墙纸 + 大理石罗马柱］　　居中墙［银镜拼菱形］

左墙［定制鞋柜 + 马赛克拼花］　　居中墙［墙纸 + 定制鞋柜 + 银镜］　　左墙［定制鞋柜 + 墙纸 + 灯带］

哑口［中式挂落］

右墙し定制鞋柜＋银镜］

呂中墙［马赛克拼花＋茶镜车菱形］

右墙［墙纸＋木质踢脚线］

左墙［黑镜＋银镜＋墙面柜］

呂中墙［彩色乳胶漆＋木线条装饰框］

设计技巧　　装修小技巧

如何设计玄关的鞋柜，才能更加合理实用？

　　玄关的鞋柜最好不要做成顶天立地的款式，做成上下断层的形式会比较实用，将单鞋、长靴、包包和零星小物件等分门别类，同时可以有放置工艺品的隔层，这样的布置也会让玄关区变得生动起来。可以将鞋柜设计为悬空的形式，不仅视觉上会比较轻巧，而且悬空部分可以摆放临时更换的鞋子，使得地面比较整洁，悬空部分的高度一般为 15 ～ 20cm。

左墙 [黑胡桃木饰面板抽缝 + 灯带]　　　　右墙 [墙纸 + 木线条收口]　　　　居中墙 [黑白根大理石装饰框 + 银镜]

墙面 [杉木板造型套色]　　　　　　　　墙面 [定制鞋柜 + 灯带]

居中墙［墙纸＋木线条收口］　地面［黑白根大理石波打线］　　　左墙［文化砖］　地面［荷花池园景］

地面［米色地砖＋波打线］　　　居中墙［定制鞋柜＋墙纸＋灯带］　　　隔断［定制鞋柜＋陶瓷马赛克＋线帘］

墙［实木护墙板＋紫罗红大理石踢脚线］　　地面［地砖拼花］

设计技巧

装修小技巧

针对不同面积大小的玄关，如何设计才能合理利用空间？

　　小玄关空间一般都呈窄条形，建议只在单侧摆放一些低矮的鞋柜，而上面的墙壁可以直接安装一个横杆挂衣服。稍宽敞一点的玄关可以再摆放一个中等高度的储物柜或者五斗橱，便能收纳更多的衣服或鞋子。但是依然建议保留一些开敞空间，让整体的布置看起来活泼且富有变化。如果玄关的空间够大，便可以多摆设一些衣柜，毕竟有柜门的储物空间看起来整齐大气。如果觉得只摆一组衣柜太过单调，可以适当放置矮凳、玄关柜等家具。

居中墙［墙纸＋大理石罗马柱］ 　　　　　　　　　　　左墙［定制鞋柜＋装饰搁架］ 　居中墙［墙纸＋装饰挂画］

左墙［米黄大理石＋装饰挂画］ 　　　墙面［墙纸＋黑白根大理石装饰框］ 　居中墙［墙纸＋木线条装饰框］

居中墙［银镜拼方形 + 实木护墙板］　　　　　右墙［石膏浮雕 + 石膏雕花线］　地面［地砖拼花］

□墙［定制鞋柜 + 墙纸 + 灯带］　　隔断［定制鞋柜 + 密度板雕花刷白］　　隔断［鞋柜 + 木格栅］

断［鞋柜 + 木格栅］

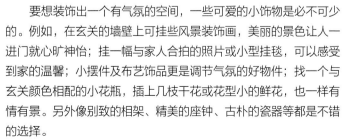

玄关给人带来第一印象，软装搭配时应注意哪些技巧？

　　要想装饰出一个有气氛的空间，一些可爱的小饰物是必不可少的。例如，在玄关的墙壁上可挂些风景装饰画，美丽的景色让人一进门就心旷神怡；挂一幅与家人合拍的照片或小型挂毯，可以感受到家的温馨；小摆件及布艺饰品更是调节气氛的好物件；找一个与玄关颜色相配的小花瓶，插上几枝干花或花型小的鲜花，也一样有情有景。另外像别致的相架、精美的座钟、古朴的瓷器等都是不错的选择。

垭口 [黑白根大理石装饰框 + 大理石罗马柱]　　　垭口 [中式木花格]

垭口 [木饰面板装饰框刷白]　　　垭口 [镜面不锈钢造型]

垭口 [石膏罗马柱]　　　垭口 [石膏罗马柱]　　　垭口 [米黄大理石罗马柱]

垭口 [樱桃木饰面板 + 实木罗马柱]

垭口 [黑白根大理石装饰框]

垭口 [砂岩浮雕 + 大理石罗马柱]

垭口 [木饰面板装饰框刷白]

垭口 [石膏板造型 + 硅藻泥]

垭口 [木饰面板套色]

设计技巧

装修小技巧

中式风格的垭口常用多边形造型，设计时应注意哪些技巧？

　　垭口在造型上一般都会稍复杂一些，简约风格的家居不太适合使用。垭口的制作材料有很多，目前比较常见的材质主要分为实木、人造板材、石材等。多边形造型垭口在中国传统的庭院设计中用得比较多，于是这个也成了设计中式风格的一种元素。如果用木饰面做造型垭口的内框，一般在墙的两面都要凸出来一些，一般为20～40mm，方便墙体的材料与内框的施工收口衔接，也可以凸出内框的线条感。

垭口 [石膏板造型 + 大花绿大理石踢脚线]

垭口 [木质罗马柱套色]

垭口 [米黄大理石装饰框]

垭口 [大理石罗马柱]

垭口 [文化石拱门造型]

垭口 [实木雕花]

垭口［红色烤漆玻璃］

垭口［黑白色马赛克拼花］

垭口［木饰面板装饰框］

垭口［米黄大理石 + 大理石罗马柱］

垭口［木质罗马柱 + 实木雕花］

口［斑马木饰面板］

设计技巧

装修小技巧

乡村风格的垭口常用拱形造型，设计时应注意哪些技巧？

　　拱形垭口的做法有很多种，最常见的就是半圆拱形门洞和两边弧形角的拱形垭口。半圆形的拱形垭口要做成正圆形的，这样才会更加漂亮和美观。做拱形垭口的时候一般门套是个问题，定做弧形垭口的费用会比较高。物美价廉的处理方法就是在垭口的阳角处做个倒圆的处理，把直角的阳角做成圆弧形的圆角，再刷乳胶漆，这样既可以避免阳角被碰撞后造成损伤，又显得美观大方。

地面［地砖拼花］

地面［地砖拼花 + 回纹图案波打线］

地面［仿古八角砖夹小花砖斜铺］

过道地面［地砖斜铺 + 波打线］

右墙［定制壁画］

隔断［大理石罗马柱 + 密度板雕花刷金漆］

隔断［木花格贴银镜］

端景墙［墙纸 + 装饰挂画］

端景墙［墙纸］　地面［米色地砖夹深色小砖斜铺 + 波打线］　顶面［石膏板造型 + 金箔］

□墙［白色护墙板］　　　　端景墙［真丝手绘墙纸 + 银镜］　　　隔断［实木护栏］　地面［木纹砖］

□面［石膏板装饰梁 + 金箔］

软装扮家　　　　　　　装修小技巧

过道的灯光很重要，怎样设计才能既实用又好看？

　　过道的灯光不但可以让家中的动线变得更加清楚，而且还能使空间过渡得更加自然顺畅。过道灯饰的选择要求外观简洁明快，造型雅致小巧，避免使用过于繁复、艳丽的灯饰品。建议在过道的中心点设置一个主灯，再配合相应的射灯、筒灯、壁灯等装饰性灯具，以达到良好的装饰效果。作为使用频繁的家庭过道，最好不要选择冷色调的灯光，可以选用与其他空间色温相统一或接近的暖色调灯光进行照明。

地面［双色地砖相间斜铺］

左墙［墙纸＋大理石装饰框＋银镜倒角］

端景墙［车边银镜倒角＋黑白根大理石装饰框］

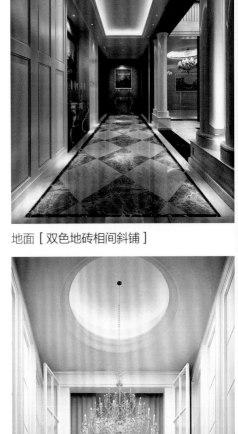

居中墙［米黄大理石＋石膏浮雕］

顶面［木线条密排＋银镜］

左墙［银镜＋装饰挂画］

墙面［木线条密排＋银镜］

地面［双色仿古砖拼花＋波打线］

顶面［木线条装饰框 + 透光云石］　　　　　　　　顶面［中式木雕 + 石膏浮雕］　地面［地砖拼花 + 波打线］

墙［仿古砖斜铺 + 墙纸 + 木线条刷白收口］　顶面［石膏板造型 + 墙纸］　　　　　顶面［石膏板造型 + 木饰面板］

面［石膏板造型 + 灯带］　地面［地砖拼花 + 波打线］

设计技巧　　　　　装修小技巧

如何设计过道两侧的墙面，才能更好地提升实用功能？

　　过道两侧的墙面可以采用与居室颜色相同的乳胶漆或墙纸，如果过道连接的两个空间色彩不同，原则上过道墙面的色彩宜与面积大的空间相同，如果过道较为宽敞，则可以利用一侧墙面增加储物柜，将上下柜子空出设置灯带，就能完美地隐藏储物柜。如果想要多一点设计的感觉，用创意挂画或照片，就可以将过道的墙面布置成一个展示空间。如果墙体面积较小，还可以设置镜面，以此来扩大视觉空间。

顶面 [石膏板装饰梁 + 金箔]

端景墙 [墙纸 + 大理石线条收口 + 米黄大理石]

顶面 [木线条走边]

顶面 [石膏浮雕 + 灯带]

左墙 [车边银镜倒角]

页面 [石膏板造型 + 灯带]　端景墙 [墙纸 + 装饰挂画]　　　顶面 [密度板雕花刷白]

隔断 [铁艺构花件]　端景墙 [马赛克拼花] 地面 [地砖拼花 + 波打线]　　　顶面 [石膏板造型 + 灯带]

墙 [银镜拼菱形 + 大理石线条收口]

设计技巧

装修小技巧

**错层地面的台阶处理时应注意安全性，
设计时应注意哪些技巧？**

　　错层的房子会使房间看起来更加具有层次感，但是由于台阶数量少，在设计时要避免出现错觉，对于老人和儿童更为重要。可以使用不同的材质和颜色作为相邻地面的分界，不但可以醒目地区分，起到安全防护的作用，同时也能增加层次感，一举两得。台阶的材质最好选用大理石，因为这种材料具有易加工和整体风格统一的特点，做出来的台阶不会形成铺贴缝隙，只需在踏步上直接做挂边处理即可。

顶面［石膏浮雕刷金箔漆］　　　　顶面［金箔］　地面［仿古砖拼花］　　　　左墙［大理石护墙板］　地面［地砖拼花］

地面［拼花木地板］　　　　左墙［装饰书架＋灯带］

左墙［装饰搁架］　　右墙［樱桃木饰面板＋艺术鱼缸］　　　　垭口［大理石罗马柱］　地面［地砖拼花＋波打线］

左墙 [定制鞋柜 + 灯带]　　地面 [米白色抛光砖]　　　　右墙 [铁艺装饰件喷金漆]

左面 [杉木板造型]　地面 [园林小景观]　居中墙 [收纳柜 + 金属马赛克 + 灯带]　　　顶面 [石膏板造型]　　右墙 [入墙式展示柜]

顶面 [石膏板造型 + 艺术油画]　　端景墙 [大理石壁炉]

设计技巧

装修小技巧

楼梯下方的角落空间是个设计难点，如何布置才能充分利用空间？

　　楼梯因为它的外形而占用了不少有用空间，在多数的家庭里，通常都将其下方的空间作为储藏物品之用。例如，可以加装一扇门，里面摆上几个储物箱，分门别类地收藏东西。凡是空瓶、易拉罐以及孩子们丢弃的玩具，或是那些等着回收的报刊废纸，都可以放置在这个地方；此外，也可以考虑摆放植物，起到装饰空间的作用；又或者摆放一些小家具，把此处布置成一个小型的休闲区也是不错的选择。

楼 梯

楼梯 [实木踏步 + 玻璃护栏]

墙面 [金属马赛克 + 银镜]

楼梯 [大理石踏步 + 大理石护栏]

楼梯 [实木护栏 + 大理石踏步]

地面 [地砖拼花]

楼梯 [大理石踏步 + 实木护栏]

楼梯［实木踏步 + 铁艺护栏］ 地面［地砖拼花］　　　　　　　　　　　楼梯［实木踏步 + 实木护栏］

楼梯［大理石踏步 + 玻璃护栏 + 实木扶手］ 顶面［石膏浮雕刷金箔漆］　　　楼梯［铁艺护栏 + 实木踏步］

楼梯［实木扶手 + 铁艺护栏］

设计技巧　　　装修小技巧

楼梯起着承上启下的作用，设计时应注意哪些重点？

　　大部分别墅在交付时楼梯都已经现浇好了，直接在上面铺设实木踏步就可以了。但是有些设计师会根据格局适当调整楼梯，那么重建楼梯可以有多种方式。如果是直线楼梯，现浇比较容易；但如果是圆弧楼梯，就可以直接制作木楼梯或者钢架楼梯，不需要现浇基础。楼梯踏步的级数最好是单数，踏步的宽度一般在 240 ～ 280mm。太窄的踏步没有安全感；太宽了爬楼梯的时候比较费力。

楼梯［大理石踏步＋实木护栏］

楼梯［实木护栏＋装饰挂件］

墙面［木质护墙板］　楼梯［大理石踏步＋铁艺护栏＋实木扶手］

地面［地砖拼花］　楼梯［铁艺护栏＋实木扶手＋大理石踏步］

楼梯［铁艺护栏＋实木扶手］

楼梯［实木扶手＋玻璃护栏］

墙面［米黄色墙砖＋黑镜］

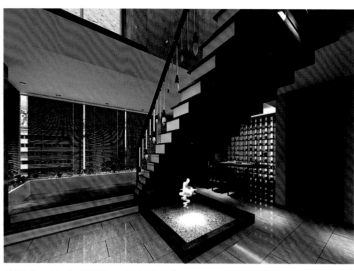

地面［地砖拼花＋波打线］　楼梯［大理石踏步＋实木护栏］　　楼梯［毛笔造型护栏＋实木踏步］

楼梯［实木踏步］　　　　　　　　　顶面［黑镜］　楼梯［实木护栏］　　楼梯［大理石踏步＋玻璃护栏＋实木扶手］

楼梯［实木扶手＋铁艺护栏＋大理石踏步］　地面［地砖拼花］

设计技巧

装修小技巧

楼梯处的灯光应方便行走，设计时应注意哪些技巧？

　　一般只有两层的别墅，楼梯灯可以用吊灯垂吊在中间，但如果有 3～4 层或楼层更多时，特别是楼梯不是环绕型的时候，就不宜使用吊灯。因为吊灯的体积会比较大，安装麻烦，花费也比较高，这时可以考虑使用轻便的壁灯，一层安装一个，高度在 1800mm 左右。此外还可以设计照亮踏步的地灯，辅助楼梯的主灯照明功能，增加安全性。安装地灯时要注意先预留好装灯位置，高度不要影响到踢脚线的安装。

隔 断

隔断［铁艺构花件刷金漆］

隔断［铁艺护栏 + 实木扶手 + 大理石艺术造型］

隔断［木格栅移门］

隔断［中式木花格］

隔断［中式木花格］

隔断［密度板雕花刷白］

隔断［木格栅］

隔断［定制展示柜］

隔断［玻璃搁架 + 大理石台面］

隔断［印花玻璃 + 木线条装饰框刷银漆］

隔断［木格栅刷黑漆］

隔断［铁艺构花件 + 彩色乳胶漆 + 木搁板 + 墙纸］

材料妙用

装修小技巧

雕花木板隔断起到很好的装饰作用，设计时应注意哪些技巧？

雕花木板隔断可以做成顶天立地的样式，也可以随意点缀一小块面积，使用和搭配都十分灵活实用，适合中式和欧式风格的家居。中式风格可以使用回形纹、祥云图案的雕花木板隔断；欧式风格采用抽象图案和卷曲线条造型，烘托出典雅、高贵和自然气息。雕花木板隔断可以用密度板雕刻而成，价格也相对便宜。此外，表面最好选择亚光油漆，这样的油漆出现泛黄的时间相对较长一点。

隔断［木格栅刷黑漆 + 收纳矮柜］

隔断［石膏板造型 + 布艺软包］

隔断［定制书架刷白］

隔断［装饰矮柜 + 展示架］

隔断［木格栅］

隔断［密度板雕花刷白 + 中式几案］

隔断［博古架］

隔断［密度板雕花刷金漆＋木格栅］

隔断［铁艺构花件＋收纳柜］

隔断［大理石壁炉］

隔断［木花格］

隔断［中式屏风刷白］

隔断［玻璃移门］

软装护家

装修小技巧

家具隔断兼具实用与分隔功能，设计时应注意哪些技巧？

　　家具隔断就是既能承担家具的功能又能起到隔断居室的作用，也是室内隔断装修最简单的方式。如沙发、装饰柜、书柜等，其中以能够推拉移动的书柜或搁架最为方便，将其放置在客厅边缘，就已经造成了隔断的效果。如果能在旁边搭配一些绿色植物，效果会更明显。面积小或者不太通透的房间，特别是小户型最适合用这种隔断方式。但是注意这种隔断方式要求家具款式与室内设计风格一致，才能很好地融入空间，此外还应考虑采光的问题。

隔断［镂空隔断墙铺贴米黄大理石］

隔断［密度板雕花刷金漆＋收纳柜］

隔断［密度板雕花刷白］

隔断［钢化玻璃］

隔断［木网格］

隔断［木质展示柜刷白］

隔断［木网格＋收纳柜］

隔断 [木花格 + 定制酒柜]　　　　　隔断 [装饰方柱]

隔断 [印花玻璃 + 木线条包边刷白]　　隔断 [装饰线帘]　　　　隔断 [餐边柜]

隔断 [装饰搁架]

设计技巧

装修小技巧

隐形隔断不影响空间的通透性，设计时应注意哪些技巧？

可以利用吊顶分割空间，通过对顶面的高差处理，或不同区域空间吊顶的打造，来增强空间立体层次感。可以利用地面处理划分区域，在不同的区域铺贴不同的材质。例如，客厅铺贴实木地板，餐厅铺贴瓷砖、大理石或者马赛克，在餐桌或者茶几区域采用地面装饰拼花等方法，通过不同花色来分区功能空间。可以利用墙面的色调和图案对比，这种方式既可以区分功能又使空间在视觉上得以延伸。比如，两个不同空间使用不同图案或花色的墙纸，就可以作为空间划分的界限。

隔断［密度板雕刻树枝造型］

隔断［大理石艺术造型］

隔断［木网格刷金漆 + 大花白大理石 + 木饰面板装饰框］

隔断［密度板雕花刷银漆 + 收纳柜］

隔断［装饰搁架］

隔断［密度板雕花刷灰漆］

隔断［木网格］

隔断 [木网格刷金漆]

隔断 [定制收纳柜]

隔断 [装饰搁架]

隔断 [工艺鱼缸]

隔断 [装饰矮柜]

隔断 [定制酒柜]

软装扮家

装修小技巧

珠帘隔断晶莹剔透，如何搭配才能更显居室气质？

珠帘隔断既划分区域，不影响采光，更能体现美观。珠帘具有容易悬挂、容易改变的特点，价格便宜，花色多样，可以根据房间的整体风格随意搭配。温馨浪漫风格适合粉色、紫色，款式可以使用水晶珠帘；清爽简约风格适合冷色的水晶珠帘，以蓝色、白色、茶色为宜；时尚感强的格局则适合用红色、绿色、烟熏色等色彩明快鲜艳的珠帘搭配，但是欧美古典风格还是使用全透明的水晶最显高贵。

书 房

右墙［定制书柜＋大理石壁炉造型］

居中墙［文化砖＋装饰挂画］ 地面［仿古砖］

居中墙［定制书柜＋灰镜］ 右墙［墙纸＋装饰挂画］

顶面［石膏板造型＋灯带］ 左墙［墙纸＋实木护墙板］

顶面［石膏板造型拓缝］

右墙［墙纸＋照片组合］

右墙［书柜＋装饰壁龛］

居中墙［定制书柜］ 地面［仿古砖］　　墙面［黑镜 + 装饰挂画］

左墙［墙纸 + 书柜］　　　左墙［墙纸 + 书架］ 地面［拼花木地板］　右墙［入墙式展示柜］

墙［木搁板 + 彩色乳胶漆］ 隔断［装饰搁架］

设计技巧　　装修小技巧

如何确定书桌的位置和尺寸，才能更加方便使用？

在书房设计时，通常把书桌靠墙放置，这样可以使书房空间显得相对宽敞。但是由于桌面不会很宽，坐在椅子上的人脚一抬就会踢到墙面，如果墙面是乳胶漆的话就比较容易弄脏。设计的时候应该考虑墙面的保护，可以把踢脚板加高，或者为桌子加个背板。一般书桌的宽度在 55 ~ 70cm，高度在 75 ~ 85cm 比较合适。但如果书桌做了抽屉，那么地面离抽屉不能小于 58cm，否则会影响到双腿的舒适度。吊柜的高度离书桌的高度保持在 45 ~ 60cm。

顶面［石膏板造型＋金箔］　居中墙［墙纸＋定制书桌］

居中墙［博古架］　左墙［定制壁画＋木线条收口］

左墙［墙纸＋黑镜］

顶面［木线条走边］　地面［木纹砖］

右墙［彩色乳胶漆＋照片组合］

顶面［石膏板装饰梁］

左墙［入墙式装饰搁架 + 彩色乳胶漆］

左墙［墙纸 + 白色护墙板 + 装饰挂画］

顶面［石膏板造型 + 金箔 + 灯带］

右墙［书柜 + 墙纸］

墙面［定制书柜 + 墙纸 + 木质罗马柱］

墙［装饰移门 + 书柜］

设计技巧

装修小技巧

开放式书房具有拓展空间的效果，设计时应注意哪些问题？

　　有些中小户型的家庭，由于面积有限，没有足够的空间划分出来单独的房间作为书房使用，只能在卧室或客厅专门划出一块区域作为工作学习的地方。因此考虑到面积和功能的问题，对于开放式书房的用品要力求做到少而精、小而全，充分合理地利用每一寸空间。开放式书房的位置应尽量选择在靠近采光效果较好的地方，如靠近窗户的区域。此外还要考虑空调的功率，要把书房能耗也算在里面。

墙面［布艺软包＋定制展示柜＋银镜］

左墙［书架＋墙纸］

居中墙［墙纸＋大理石搁架］　左墙［布艺硬包＋照片组合］

左墙［墙纸＋装饰挂画］

顶面［石膏板造型＋灯带］

居中墙［墙纸＋照片组合＋墙面柜］

墙面［墙纸＋装饰挂画］

右墙［墙纸 + 木饰面板装饰框刷白］　地面［拼花木地板］　　　墙面［定制书柜］

居中墙［墙纸 + 书柜］　　　居中墙［枫木饰面板 + 装饰搁架］　　　右墙［灰色乳胶漆 + 照片组合］

墙［定制书柜 + 墙纸］

设计技巧

装修小技巧

利用角落空间布置书桌，设计时应注意哪些技巧？

　　很多小书房是利用阳台或者卧室的角落空间设计的，这样就很难买到尺寸合适的书桌和书柜，所以定做是一个不错的选择。不仅可以现场制作，也可以找工厂定制，材料也有很多种可以选择，如实木、烤漆面板和双饰面板等。此外，利用角落空间把书桌设计在窗边，采光会比较好，设计时注意如果书桌高于窗台，那么桌面就不能顶到窗户，否则桌面以下的窗户部分就没有办法遮挡，可以在桌面与窗户之间留出与窗帘盒同宽度的距离。

左墙［装饰移门 + 定制书柜］

左墙［装饰搁架 + 银镜］

左墙［书柜 + 墙纸］

顶面［石膏板造型拓缝］

隔断［密度板雕花刷白 + 收纳柜］

墙面［墙纸 + 书柜］

左墙［墙纸 + 书架］

右墙 [墙纸 + 斑马木饰面板]　　　　　　左墙 [墙纸 + 装饰挂画]　右墙 [书柜]

墙面 [展示柜]　　　　左墙 [展示柜]　地面 [亚面抛光砖]　　　左墙 [墙纸]　隔断 [艺术屏风]

面 [木线条走边]　右墙 [墙纸 + 装饰挂画]

设计技巧　　　　　装修小技巧

书房内增加榻榻米提升功能实用性，设计时应注意哪些技巧？

　　在小面积书房的设计中，如果需要功能的多样性，可将靠墙一块位置设计成榻榻米，既能满足睡觉的需求，也可充当一个玩乐区，最重要的是可以增加更多的储物空间。因为榻榻米下面需要存放物品，所以地台的高度也是非常重要的，一般高度控制在 35 ～ 45cm，太低则存放物品有限，太高又会影响空间高度，给人压抑感。榻榻米表面应使用一块整板，最好不用拼接的板子，这样就不会有高低不平的情况，也没有裂纹，看上去更美观。

顶面 [木格栅 + 木线条走边]　居中墙 [木线条造型]　　居中墙 [布艺软包 + 木格栅]

右墙 [彩色乳胶漆 + 木搁板 + 壁饰]　　顶面 [石膏板造型 + 灯带]

顶面 [石膏板造型贴银箔 + 密度板雕刻刷白]　左墙 [茶镜 + 书架]　　左墙 [墙纸 + 装饰挂画]

左墙［书柜＋墙纸］　　　　　　　　左墙［玻璃移门］

右墙［定制书柜］　　　　左墙［墙纸＋书柜］　　　　左墙［墙纸＋悬挂式书桌＋吊柜］

顶面［杉木板造型刷白＋木质装饰梁］

设计技巧

装修小技巧

书房的灯光关系到使用者的视力，设计时应注意哪些技巧？

书房是工作和学习的重要场所，因此，在灯光设计上必须保证有足够合理的阅读照明。如果书房使用频率比较高的话，建议最好以漫射光源为主，如T5灯管，或者以节能灯为主。如果采用光线感比较强烈的射灯，看书或者玩电脑时间长了以后会对视觉造成伤害。此外，还可以在书桌的左上方增添台灯作为阅读时的加强照明。如选购可360°旋转或灯臂可以调整的电子式台灯。另外也可利用轨道灯营造视觉端景。

隔断［布艺硬包＋木线条收口］

顶面［石膏板造型＋灯带］ 隔断［艺术屏风］

隔断［钢化清玻璃］

左墙［墙纸＋装饰挂画］

墙面［书架＋墙纸＋木质护墙板］

左墙［书柜＋墙纸］

右墙［入墙式书柜］

顶面［木质顶角线］　右墙［书柜＋墙纸］　　　顶面［石膏板造型＋木线条走边］　居中墙［书柜＋墙纸］

右墙［彩色乳胶漆＋书架］　　　右墙［墙纸＋木线条装饰框刷白］　　　隔断［拱门造型＋彩色乳胶漆］

墙［墙纸＋书柜］

软装扮家　　　装修小技巧

书房挂画烘托书香气息，布置时应注意哪些技巧？

书房墙上挂画打破了白墙的单调感，装饰画的色调要淡雅、明朗，如中国传统水墨画就是一种不错的选择；书房不宜选择一些画面颜色过于艳丽跳跃的装饰画，以免分散精力，不利于学习看书。挂画时要考虑正常成年人的视线角度，还要考虑对应关系，有的地方挂琐碎一点的相片，有的墙面可以挂整幅的画，有大有小，有整有零的搭配才更加美观。小件的装饰画可以色彩鲜明一点，大件的装饰画可以和整体色调相统一。

居中墙［定制收纳矮柜］

地面［杉木板刷清漆］

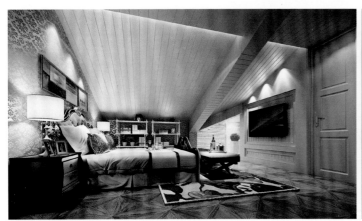

顶面［杉木板造型刷白］ 地面［拼花木地板］

顶面［杉木板吊顶套色＋木质装饰梁］

顶面［密度板雕花刷白］ 地面［拼花木地板］

顶面［杉木板造型刷白］ 床头墙［装饰搁架］

侧面 [墙纸 + 木质装饰梁]

顶面 [木质装饰梁]

面 [墙纸]　右墙 [墙纸 + 磨花银镜]

顶面 [杉木板吊顶刷白]　墙面 [墙纸]

床头墙 [杉木板造型刷白]

面 [杉木板造型刷白]　左墙 [墙纸 + 白色护墙板]

设计技巧

装修小技巧

阁楼有哪两种类型，设计时应注意哪些问题？

　　阁楼的类型一般有两种：一种是顶层带阁楼的，另一种是纯阁楼。顶层带阁楼比较常见，而且通常面积不大，纯阁楼一般面积要大些。大阁楼除了独特的空间结构外，其功用和其他的居室空间可以通用，所以完全可以按照正常的居室装修来做。由于阁楼本身大都是带斜面、具备三角形外形，再加上大阁楼没有局促的空间限制，在设计中可以充分利用阁楼的层高、形状，设计的变化和可能性要优于小阁楼。同时，由于不同于一般居室空间的建筑结构，其设计的趣味性也很足。

墙面［文化砖］　地面［防腐木地板］

地面［防腐木地板 + 仿古砖斜铺 + 鹅卵石］

地面［地砖拼花 + 鹅卵石 + 园林小景观］

地面［防腐木地板 + 鹅卵石 + 青石板］

顶面［杉木板吊顶］

顶面［木质装饰梁］

墙面［仿古砖 + 木花格刷蓝色漆］

地面 [园林小景观 + 鹅卵石]

地面 [木纹砖 + 波打线]

居中墙 [定制书柜]

顶面 [木质装饰梁]

顶面 [木质造型吊顶 + 绿植]

顶面 [木质装饰梁]

软装扮家

装修小技巧

阳台的功能很重要，设计时应注意哪些重点？

在不贴砖、不封闭的情况下，阳台的保温层应尽量保留，可以起到很好的保温隔热效果。阳台采用木格栅吊顶，可以让空间更具有自然田园的味道。可以在市场购买成品，也可以用杉木板在现场制作。需要注意不管是成品或是现场制作，建议先涂油漆后安装，最后再进行一遍或者多遍油漆，从而保证木格栅吊顶不会变形。如果在阳台砖砌花池、鱼池，应留有排水地漏及溢水口，以防止下暴雨时来不及排水，或者是由于未留溢水口，而使水从池中溢出，造成不必要的损失。

左墙［文化砖＋木搁板］

地面［仿古砖＋鹅卵石］

墙面［木质装饰梁＋杉木板吊顶套色］

右墙［装饰方柱］

顶面［杉木板吊顶套色］　地面［仿古砖］

地面［防腐木地板］

顶面［质感艺术漆＋木质装饰梁］

顶面［木质造型吊顶］　地面［仿古砖］　　　　　　　　　　顶面［杉木板造型］　左墙［文化砖 + 定制收纳柜］

顶面［木格栅］　左墙［文化石］　　　　顶面［杉木板造型］　墙面［仿古砖］　　　　左墙［文化石 + 花架］

墙［文化砖］　地面［防腐木地板］

材料妙用　　　　　　　　　　　　装修小技巧

阳台的地面材料有哪些类型，选择时应注意哪些问题？

　　阳台的地面材料可以采用常规的地砖，也可以选择鹅卵石铺地，也可以是地砖镶嵌马赛克。防腐实木板是现在很多追求休闲生活的业主们的首选。防腐木一般分为成品面漆和非面漆的，相同材质的防腐木，成品面漆和宽板都要贵一点。建议在选择防腐木的时候不要盲目地追求宽板，一般宽度达到 150mm 即可，太宽了反而会有变形的可能。铺贴的时候，防腐木之间留的缝隙也不要过大，2～5mm 就可以了。

吧台［人造大理石台面］　地面［米黄色地砖 + 波打线］

顶面［木饰面板拼花］吧台［雕花灰镜 + 人造大理石台面］

地面［仿古砖斜铺 + 花砖波打线］

地面［米黄色地砖斜铺 + 大理石波打线］

左墙［灰镜拼菱形 + 木线条刷白包边 + 彩色乳胶漆］

餐中墙 [硅藻泥 + 照片组合 + 实木护墙板]　　　　吧台 [人造大理石台面]　地面 [仿古八角砖夹深色小砖斜铺]

吧台 [陶瓷马赛克 + 人造大理石台面]　墙面 [玻璃砖 + 木搁板]　　　　顶面 [石膏浮雕]　吧台 [啡网纹大理石]

吧台 [木饰面板装饰凹凸造型 + 人造大理石台面]

材料妙用　　　 装修小技巧

亚克力人造石台面的吧台，使用时应注意哪些问题？

吧台设计的高度一般在 1100mm 左右，宽度在 600mm 左右，可以根据具体情况来调节尺寸。如果吧台的台面采用亚克力人造石材质，在使用的过程中需要注意的有几点，尽量不要把有色的果汁、红酒等洒到台面上，如果不小心弄到台面需要及时清理，否则容易渗色到台面里，另外冬天室内温度比较低的时候，也应尽量避免将烧热的锅子器皿直接放到台面上，否则容易造成台面开裂。

左墙［木花格＋灰色墙砖］

右墙［硅藻泥＋墙面柜］ 吧台［人造大理石台面］

吧台［鹅卵石＋人造大理石台面］

左墙［杉木板装饰背景］

吧台［杉木板装饰背景刷白＋实木台面］　　　吧台［陶瓷马赛克］　　　吧台［银镜拼菱形］

顶面［石膏浮雕］　地面［双色地砖拼花＋波打线］　　　　吧台［大花白大理石］　地面［仿古八角砖夹深色小砖拼花］

吧台［马赛克拼花＋人造大理石台面］　　吧台［雕花银镜＋人造大理石台面］　　左墙［彩色乳胶漆］　地面［抛光砖］

顶面［杉木板吊顶刷白］　右墙［文化砖＋质感艺术漆］

施工细节

装修小技巧

家居吧台增加生活情趣，制作时应注意哪些问题？

　　吧台也可以木工现场制作，表面涂刷混水油漆，这种做法的优势就是颜色可以根据需要选择，并且也可以与家中其他家具的色彩保持一致，注意油漆涂刷的表面比较容易划伤，所以后期使用的时候可以在上面铺贴保护膜。有些吧台台面的设计是两侧固定，中间没有支撑，这样的台面比较简洁大气，现代感十足，但是这样的台面跨度不能太长，或者台面的基础用钢架来制作，这样才能保证吧台的牢固度。

视听室

顶面［墙纸＋木线条走边］ 地面［仿古砖］

顶面［石膏板造型＋吸音板］

右墙［吸音板＋月亮门］

顶面［木网格］ 墙面［实木罗马柱＋吸音板］

顶面［石膏装饰梁＋墙纸］ 左墙［布艺软包］

顶面［吸音板］ 左墙［墙纸＋布艺硬包＋木线条装饰框］

顶面［石膏板装饰梁］ 左墙［布艺硬包＋木线条装饰框］

顶面［布艺软包］　　居中墙［布艺硬包＋金属线条＋茶镜］　　居中墙［布艺硬包＋实木护墙板］

墙［布艺软包＋实木护墙板］　　顶面［皮质软包］　　顶面［墙纸＋柚木饰面板］

面［杉木板造型套色＋墙纸］　　居中墙［皮质软包＋木线条收口］

设计技巧

装修小技巧

视听室可以提升家中的娱乐功能，位置选择上应注意哪些问题？

视听室在位置选择上要注意的问题有不少：一是尽量远离邻居，避免看电影、听音乐时影响邻居休息；二是尽量设置在阴面位置，避免强烈的外部光线影响室内；三是最好不要设置在临街房间，避免外来噪声影响视听室的使用效果；四是面积不应太小，专业一点的面积需要在 $18m^2$ 以上，因为发挥环绕的视听效果，需要有足够的空间来实现。太小的面积，影音效果会有压抑感。

顶面［吸音板］　右墙［墙纸＋吸音板＋实木护墙板］　　　　顶面［银镜］　左墙［实木护墙板］

顶面［石膏板装饰梁＋密度板雕花刷白］　左墙［皮质软包］　　顶面［石膏板造型嵌黑镜］　居中墙［布艺软包＋不锈钢线条］

墙面［木质装饰梁＋墙纸］　　　　顶面［车边茶镜倒角＋吸音板］　　　顶面［石膏板造型＋皮质软包＋银镜］

顶面 [墙纸]　左墙 [斑马木饰面板]

左墙 [布艺软包 + 白色护墙板]

顶面 [石膏板造型拓缝]

顶面 [石膏板装饰梁 + 吸音板]

顶面 [墙纸]　左墙 [皮质软包]

顶面 [石膏板造型 + 灯带]　居中墙 [紫罗兰大理石 + 布艺软包]

材料妙用

装修小技巧

视听室的装修材质应如何选择，才能达到更好的视听效果？

　　家居面积比较大的户型，可以考虑单独做一个视听区，将家里大部分的娱乐设备都集中在这个单独的空间。视听室的设计要按尽可能地还原影院效果的方向出发，模拟专业声学的要求尤为突出。因此对墙面、顶面和地面的用材是有一定要求的，以表面粗糙、有颗粒感、纹路多的材质为首选，如软包、木质和地毯等。如果条件允许的话，也可以采用专业的声学墙板。尽量不要选用表面过于光滑和坚硬的材质，如石材、瓷砖和玻璃等。

顶面［石膏板装饰梁 + 杉木板造型套色］　右墙［布艺软包］

顶面［石膏板造型 + 珠帘］

顶面［石膏装饰梁 + 银镜］

顶面［墙纸 + 实木雕花 + 吸音板］

顶面［石膏板造型 + 墙纸］　居中墙［布艺软包 + 白色护墙板］

顶面［墙纸 + 木线条刷白收口］　墙面［皮质软包 + 木质罗马柱］

顶面［木质装饰梁 + 墙纸］　居中墙［布艺硬包 + 装饰挂画］

墙面 [彩色乳胶漆 + 木线条装饰框刷黑漆]

顶面 [石膏雕花线刷金漆 + 彩色乳胶漆]

墙 [布艺软包 + 不锈钢装饰条]

右墙 [照片组合 + 墙纸 + 白色护墙板]

右墙 [布艺软包 + 木线条装饰框 + 墙纸]

面 [石膏板造型 + 灯带]

设计技巧

装修小技巧

别墅地下室改建成视听室，设计时应注意哪些问题？

别墅空间中的视听室一般会设计在地下室，以避免影响到其他功能空间。但是地下室却是整个室内空间中最潮湿及空气最不流通的地方。所以，建议业主在设计之初最好考虑安装新风系统以保持地下室的通风，以及选择合适的抽湿机。此外，在施工时墙面应满做防水，尽量使用防潮的装饰材料。为了保证视听效果，墙面和顶面要做隔声处理，灯光可以相对暗一些，以点光源为主，整体的颜色可以偏深，建议使用一些软性的材质。

顶面 [石膏板造型 + 银箔]

顶面 [灰镜]   地面 [防滑砖 + 波打线]

墙面 [木纹砖]   地面 [仿大理石墙砖拉槽]

墙面 [仿大理石墙砖拉槽 + 银镜]

左墙 [仿大理石墙砖 + 银镜]

地面 [防滑砖拼花]

右墙［马赛克＋不锈钢线条收门＋仿大理石墙砖］　　　　顶面［石膏板造型＋透光云石］

背景中墙［深啡网纹大理石＋大理石线条］　右墙［仿大理石墙砖拉槽＋银镜］　　右墙［马赛克＋黑镜＋不锈钢装饰条］

顶面［防水石膏板造型＋灯带］　右墙［米黄色墙砖］

设计技巧

装修小技巧

卫生间照明光源应合理布置，设计时应注意哪些技巧？

　　卫生间除了要保证良好的通风效果外，合理布置人工光源也很有必要。常规的布光手法以柔和的漫反射光源照亮大面空间为主，局部配合点光源修饰。大面漫反射光源满足整个空间的照明要求，局部点光源可以根据空间大小和使用功能的需要调整，甚至用于营造空间的特殊氛围。在传统的装修中，一般都会在卫生间台盆柜的镜子上方安装一盏镜前灯。如果是美式风格，还可以使用壁灯装在镜子的两边。

右墙［车边银镜倒角 + 大理石线条收口］

顶面［石膏浮雕 + 金箔］

居中墙［马赛克拼花 + 装饰壁龛］

右墙［木纹砖 + 银镜］

墙面［陶瓷马赛克 + 装饰镜］

居中墙［仿古砖］

居中墙［白色马赛克］

地面［双色防滑砖相间斜铺］

左墙 [青砖勾白缝 + 装饰镜]　　右墙 [装饰挂画]　　　地面 [双色防滑砖相间铺贴]

地面 [防滑砖拼花 + 波打线]　　居中墙 [马赛克拼花]　　　墙面 [木纹砖 + 装饰壁龛]

墙面 [仿古砖夹深色小花斜铺 + 装饰腰线]

材料妙用

装修小技巧

卫生间墙地砖颜色应如何选择，才能既美观又容易打理？

　　卫生间采用浅色墙地砖可以增加空间的亮度，但是易脏与难清理等问题也随之而来，所以在自然光照要求不是特别高的卫生间里，选用深色墙地砖无疑是一个不错的选择，在很好解决难打理问题的同时，搭配白色的釉面洁具，更增添一分神秘。但注意深色砖的填缝很容易看起来很脏，一般都需要经过美缝处理，不过价格比较贵。所以，建议业主在装修完以后再进行填缝，填缝剂里加些白乳胶，可以有效地防止白缝变黑缝。

左墙 [木纹砖 + 银镜]

墙面 [木纹砖 + 银镜 + 灯带]　地面 [防滑砖]

地面 [防滑砖拼花 + 波打线]

左墙 [仿大理石墙砖]

地面 [米色地砖夹深色小砖斜铺 + 花砖波打线]

墙面 [多色仿古砖混铺 + 仿古砖铺贴]

墙面 [仿大理石墙砖 + 装饰镜]

页面 [石膏板造型 + 灯带]   地面 [米色地砖 + 深色小砖斜铺]   墙面 [仿大理石墙砖 + 银镜]

面 [防滑砖拼花]   右墙 [马赛克拼花 + 银镜]   地面 [鹅卵石 + 防滑砖拼花]

面 [杉木板吊顶]   墙面 [金属马赛克]

设计技巧

装修小技巧

镜柜既能储物又美观大方，设计时应注意哪些问题？

如果卫生间的空间比较小，可以考虑在台盆柜的上方现场制作或定做一个镜柜，柜子里面可以收纳大量卫浴化妆的小物件镜柜，通常在现代风格里面用得比较多。做镜柜的话就不用安装镜前灯了，可在镜柜的上方和下方分别藏入灯带，还可以在台盆柜的正上方添置射灯。镜柜的深度一般为 200mm，离台盆柜的高度在 400 ～ 450mm。镜柜的柜门上下都要比柜体本身超出约 5cm，这样一来可以遮挡住灯带，比较美观，二来镜柜也不需要另外设拉手。

墙面［黑白墙砖相间铺贴＋马赛克拼花］　　　　　　　　右墙［仿大理石墙砖］

墙面［陶瓷马赛克＋银镜］　墙面［仿大理石墙砖＋银镜＋不锈钢线条］　墙面［仿大理石墙砖］

顶面［防水石膏板造型＋灯带］　墙面［镜面柜＋木搁板］　墙面［仿大理石墙砖］

面 [木质装饰梁]　　　　　　　　　　顶面 [防水石膏板造型 + 银箔]　地面 [木纹砖 + 马赛克波打线]

面 [杉木板造型]　　　　　　地面 [防滑砖斜铺 + 波打线]　　　　隔断 [木花格]

面 [米黄色墙砖拉槽]

设计技巧

装修小技巧

卫生间利用壁龛进行收纳，设计时应注意哪些技巧？

　　卫生间的淋浴房内通常会买成品的置物架摆放洗浴用品，材质有不锈钢或塑料的，但通常都不是很美观，还占淋浴房的空间。建议在淋浴房有空间的情况下，可以特意加厚墙体用砖砌成壁龛的形式，这样既美观又不占空间，而且还能放置生活用品。壁龛的高度约300mm，表面一般都会贴瓷砖以便于打扫，而且也防水防潮。壁龛的层板可以采用钢化玻璃，也可以采用预制水泥板表面贴瓷砖来完成。

墙面［仿大理石墙砖］ 地面［米黄色防滑砖］

顶面［防水石膏板造型＋灯带］地面［双色防滑砖拼花］

顶面［石膏板造型＋发散形木质装饰梁］

顶面［防水石膏板造型］ 墙面［文化砖］

顶面［防水石膏板造型拓缝］ 地面［黑白色防滑砖相间铺贴］

顶面［石膏浮雕＋灯带］　　地面［防滑砖拼花＋波打线］　　　　　顶面［防水石膏板造型＋金箔］

地面［防滑砖夹深色小砖斜铺＋波打线］　　墙面［陶瓷马赛克勾白缝］　　　　墙面［墙纸］　　地面［防滑砖拼花］

墙［仿大理石墙砖］　　地面［双色防滑砖相间铺贴］

材料妙用

装修小技巧

卫生间采用石膏板或杉木板吊顶表现个性，设计时应注意哪些技巧？

　　卫生间采用石膏板吊顶的话，可以配合装饰风格做一些造型，使空间更加美观大气。但是卫浴空间中的水汽含量要远大于其他功能空间，因此要注意石膏板、腻子和乳胶漆都需选择防水系列的，以避免后期出现的天花板开裂、起鼓等现象发生。如果为了体现乡村风格，卫生间也可以采用杉木扣板吊顶，这种做法比较美观。但注意杉木板吊顶要刷清水漆，否则吊顶会因潮气重容易开裂和变形，建议使用绿可木替代。

地面［防滑砖拼花＋波打线］

墙面［大理石护墙板］　垭口［大理石罗马柱］

墙面［马赛克拼花］

墙面［仿大理石墙砖＋大理石线条］

右墙［仿文化石墙砖］

右墙［木纹砖＋木花格］

地面［仿大理石地砖＋波打线］

居中墙 [仿木地板瓷砖 + 装饰壁龛]　　　　居中墙 [彩色马赛克 + 仿古砖]　地面 [防滑砖拼花]

面 [灰色墙砖拉槽 + 装饰壁龛]　　　地面 [防滑砖拼花]　　　　隔断 [牛仔门]

面 [仿大理石地砖 + 波打线]

两种材料装饰卫生间干区的墙面，设计时应注意哪些技巧？

　　干湿分离的卫生间空间中，由于水汽较多的淋浴区相对独立，可以考虑在干区中台盆面以上的墙顶面位置采用除瓷砖类以外的饰面材料进行装饰，常见的多以墙纸和乳胶漆为主，这样既节约成本，又能形成独特的效果。要注意虽然干湿分离划定区域以后，干区的湿度要比传统型卫生间小很多，但是用在干区的墙纸或乳胶漆还是需要具有一定防水性能为好。此外，瓷砖与其他材质的交界处应尽量考虑一些收口线条过渡。

厨 房

地面［微晶砖地砖］

顶面［石膏板造型＋灯带］ 地面［仿古砖］

顶面［杉木板吊顶刷白］

顶面［集成吊顶］

顶面［石膏板造型拓缝］

顶面［杉木板吊顶套色］

顶面 [石膏板造型 + 灯带]　地面 [双色仿古砖拼花 + 波打线]　顶面 [石膏板造型]　墙面 [仿大理石墙砖]

墙 [黑色烤漆玻璃]　　　　垭口 [大花白大理石] 地面 [仿古砖斜铺]　　右墙 [烤漆雕花玻璃]

面 [木纹砖]

设计技巧 　　　装修小技巧

橱柜是厨房的重点，设计时应注意哪些问题？

　　橱柜台面的常用材质有人造石和石英石两种，人造石具有性价比高、耐擦洗的优点，而石英石则具有高硬度、耐高温、不渗色等多种优点，因此价格不菲，业主应根据自身情况选择较为合适的材料。在做橱柜时，设计师要充分考虑使用者的身高，避免个子高大的人一不小心撞到头。如果选择实木橱柜，要注意柜体的防潮处理，最好由专业的橱柜公司定制。如果厨房的空间尺度足够，电器嵌入式的橱柜能让空间更整洁，留给台面的操作位也更多。

顶面［石膏板造型＋灯带］ 地面［仿古砖］　　墙面［仿大理石墙砖］ 地面［仿古砖］

顶面［杉木板吊顶］ 墙面［仿古砖斜铺］　左墙［仿大理石墙砖＋木搁板］　　隔断［木格栅＋玻璃移门］

墙面［深灰色墙砖拉槽］ 地面［抛光砖］　顶面［石膏板造型＋木质顶角线］　　墙面［仿古砖斜铺］

顶面［木线条打菱形框刷白＋墙纸］地面［双色仿古砖相间铺贴］ 顶面［石膏浮雕＋金箔＋木线条装饰框］

顶面［集成吊顶］ 地面［仿古砖］　　地面［仿古砖］　　墙面［米黄色墙砖］

面［米白色墙砖］ 地面［仿古砖］

设计技巧

装修小技巧

厨房的水槽上方是否需要增加光源，设计时应注意哪些问题？

　　厨房是使用频率比较高的一个区域，有些时候还需要在晚上开灯使用，但是站在水槽前的时候，就会把顶部的光线挡在身后，这样操作时就会有阴影。所以厨房在设计照明的时候一般考虑设计两个光源点：一个是厨房整体光源的照射，另一个就是水槽上方再设计一个光源。效果简洁点可以选择防雾射灯，也可以选择拉杆灯，如果造型选择得非常别致的话，不仅可以起到很好的装饰作用，而且能愉悦人的身心。

顶面 [石膏板造型]　地面 [仿古砖夹深色小砖斜铺]

顶面 [石膏板造型]　地面 [地砖拼花 + 波打线]

顶面 [石膏板装饰梁 + 灯带]　地面 [地砖拼花]

顶面 [石膏板造型 + 灯带]　地面 [仿古砖]

地面 [仿古砖 + 波打线]

顶面 [石膏板造型 + 灯带]

右墙 [布艺硬包 + 装饰挂画]

顶面 [石膏板造型 + 银箔]

顶面 [石膏板造型 + 灯带]

顶面 [石膏板造型 + 金箔]

地面 [地砖拼花]

左墙 [木搁板 + 洞石 + 银镜]

墙 [米黄大理石护墙板 + 深啡网纹大理石踢脚线]

设计技巧

装修小技巧

餐厅的装饰会影响到进餐时的心情，设计时应注意哪些重点？

如果具备条件，单独用一个空间当作餐厅是最理想的，在布置上可以体现业主的喜好，更具个人风格。对于面积不大的户型，也可以将餐厅设在厨房、门厅或客厅内；餐厅和厨房最好毗邻或者接近，方便实用。餐厅的地面可以略高于其他空间，以 50cm 为宜，以形成分隔。餐厅的吊顶如果比较低矮的话，在选择吊灯时就该放弃那些面积过分大的样式，吊灯最好和餐桌保持些距离。餐厅灯光注意不可直接照射在用餐者的头顶，否则会影响食欲，这样的设计也并不雅观。

左墙［入墙式餐边柜＋灰镜］

左墙［大理石壁炉＋墙纸＋木线条装饰框刷金漆］

地面［地砖拼花］

右墙［布艺软包＋黑白根大理石线条收口］

隔断［木网格刷白］

顶面［石膏板造型＋地砖］

墙面［彩色乳胶漆］

右墙 [墙纸 + 照片组合]

顶面 [石膏板造型 + 银箔]　左墙 [银镜 + 木搁板]

面 [仿古砖斜铺]

顶面 [石膏板造型 + 灯带]

顶面 [石膏板造型拓缝 + 灯带]

面 [仿古砖]

设计技巧

装修小技巧

简约风格餐厅也要注重设计感，布置时应注意哪些问题？

　　现代简约风格的家装环境在选择餐桌椅以及吊灯时可以在白色和黑色中进行挑选。如果家中墙面是白色为主的话，在铺设地板时就可以选择色彩暗沉一些的，这样能增强空间的层次感。喜欢通透和连贯性的业主在设计格局时可以将餐厅、客厅、厨房安排在一起，三者之间不一定要有实际意义上的隔断，但是一定要有一段距离的留白，这样三者的功能才能划分得比较明显。餐厅较小的情况下，可以在墙面上安装一定面积的镜面，以调节视觉，形成空间增大的效果。

顶面［石膏板造型＋灯带］　右墙［茶镜拼菱形］　　　　左墙［定制壁画＋木线条装饰框］

右墙［照片组合＋墙纸＋实木护墙板］　　　　顶面［木线条走边］　右墙［木纹砖］

左墙［米黄色墙砖＋银镜＋木搁板］　　　顶面［木线条走边］　垭口［月亮门］　　　顶面［石膏板造型＋灯带］

右墙 [黑胡桃木饰面板 + 不锈钢线条包边 + 墙纸]

居中墙 [酒柜 + 壁画 + 银镜]

左墙 [灰色乳胶漆 + 装饰挂画]

右墙 [大理石壁炉 + 铁艺]

左墙 [餐边柜 + 银镜拼菱形]

隔断 [木花格]　地面 [米黄色地砖 + 波打线]

软装扮家

装修小技巧

餐厅应布置圆桌还是方桌，选择时应注意哪些问题？

如果家庭成员比较多的话，可以在家里考虑使用圆形餐桌，比较实用，而且方便。圆桌一般适合用在客厅和餐厅分开且餐厅面积比较大的户型。方桌适合相对较小的户型，比较节省空间，也比较好用，如果家里只有两三个人，方桌是一个比较不错的选择。但如果家里人多，需要使用比较大的方桌，就会造成一定的不便。使用圆桌还是方桌，要考虑整个家装的风格，相对来说，方桌比较适合现代或后现代风格，圆桌则比较适合与简欧风格或中式风格搭配。

地面 [仿古八角砖夹深色小花砖铺贴]　　　　　　　　　　左墙 [灰镜 + 木线条收口]

左墙 [彩色乳胶漆 + 木线条装饰框刷白]　　　　隔断 [木花格]　　地面 [米色抛光砖]

顶面 [石膏板造型 + 木线条走边]　　　　右墙 [印花玻璃移门]　　　　顶面 [石膏板造型 + 灯带]

面 [石膏板造型 + 木线条走边]　　　　地面 [米色地砖 + 波打线]

面 [石膏板造型 + 石膏线条装饰框]　　顶面 [石膏板造型 + 灯带]　　地面 [亚面抛光砖]

墙 [彩色乳胶漆 + 银镜倒角 + 木线条收口]

施工细节　　　　　装修小技巧

餐厅选择布置圆桌适合搭配圆形吊顶，设计时应注意哪些问题？

　　餐厅选择布置圆桌的话，那么吊顶相应的做成圆形会比较合适，如果地面要做拼花处理，也可以选择圆形的拼花图案进行搭配，上下呼应，形式上做到协调一致，空间的整体感更加强烈。圆形吊顶作为异形吊顶，施工比较复杂，建议可以现场在顶面放样，确定位置和做法后再施工。如果顶面设计中央空调的话，那么出风口就需要定制成圆弧形。建议在风口定制完成后再进行开孔，以免出现安装不到位的现象。

地面［枫木实木地板］

地面［微晶石］

顶面［石膏板造型＋灯带］

顶面［木网格刷白］　居中墙［银镜拼菱形＋大理石装饰框］

隔断［定制餐边柜］

顶面［石膏板装饰梁］　地面［地砖拼花］

右墙［墙纸＋彩色乳胶漆＋装饰腰线］

正墙 [彩色乳胶漆 + 装饰窗]　　　　　　　顶面 [石膏板造型 + 银镜拼菱形]

正墙 [墙纸 + 艺术鱼缸]　　顶面 [石膏板造型]　　顶面 [石膏装饰梁]　地面 [米色抛光砖]

顶面 [石膏板造型 + 灯带]　地面 [米色地砖夹深色小花斜铺]

软装扮家　　　　　　　　　装修小技巧

餐桌与灯具如何搭配，才能营造出优雅的就餐环境？

　　长方形餐桌适合选择多个一组的吊灯、长款吊灯或轨道射灯；圆形或正方形餐桌则适合造型集中的吊灯或吸顶灯。吊灯色彩与餐桌接近，可以让人觉得餐桌与吊灯是一体的，不易感到分散。白色、黑色桌面在选择吊灯时范围较广。如果是反光材料的桌面，可以选择一些造型大胆夸张的吊灯；木质桌面受限较少，可以与多种感觉的吊灯搭配。大理石台面的餐桌最好搭配纯色和造型简单的吊灯，把重点让给餐桌台面本身的图案。

顶面［石膏板造型＋灯带］　地面［仿古砖］

顶面［石膏板造型］　地面［木纹砖］

左墙［樱桃木饰面板＋银镜］

地面［灰白色抛光砖］

地面［强化地板］

左墙［皮质硬包＋实木护墙板］

顶面［杉木板造型刷白＋木质装饰梁］

左墙 [定制壁画]

右墙 [墙纸 + 大理石踢脚线 + 装饰挂画]

顶面 [石膏板造型 + 灯带]

左墙 [木线条装饰框刷白]

右墙 [彩色乳胶漆 + 木质踢脚线刷白]

顶面 [石膏板造型 + 灯带]

材料妙用

装修小技巧

如何选择餐厅的地面材料，才能既美观又方便打理？

餐厅设计中地面以各种瓷砖和复合木地板为首选材料，都因耐磨、耐脏、易于清洗等特点而受到普遍欢迎。有些餐厅和客厅或者厨房是相连的，客厅通常会铺设地砖，在餐厅中也可使用同样的材质。但若是客厅与餐厅有一定的隔断，也可在餐厅选择强化复合地板，同样方便清洁。如果担心相邻的厨房会带出油渍弄脏了餐厅的地面，那么可以在厨房门口加放蹭脚垫来保证餐厅清洁。

右墙［银镜倒角］　地面［地砖拼花］　　垭口［大理石装饰框 + 大理石罗马柱］　　地面［米白色抛光砖］

地面［微晶石地砖］　　　　　　　　　　顶面［石膏板造型］　地面［地砖拼花 + 波打线］

左墙［彩色乳胶漆 + 白色护墙板］　　　顶面［石膏板造型 + 银镜拼菱形］

顶面 [石膏板造型 + 木线条走边]　地面 [微晶石地砖]

顶面 [石膏板造型 + 灯带]　垭口 [浅啡网纹大理石装饰框]

墙 [雕花灰镜]

左墙 [入墙式边柜 + 密度板雕花贴钢化清玻璃]　顶面 [石膏板造型 + 木线条走边]

面 [石膏板造型勾黑缝 + 石膏浮雕]

设计技巧

装修小技巧

卡座代替餐椅节省餐厅空间，设计时应注意哪些技巧？

　　在餐厅空间不是很宽裕的情况下，采用卡座形式和活动餐桌、椅的结合是个不错的选择，因为卡座不需要挪动，所以反而能节省较多的空间，而且卡座下面的空间也是储物的好地方。一般来说，卡座的宽度要求在 45cm 以上，高度应与椅子一致，一般在 420 ～ 450mm。如果卡座在设计的时候考虑使用软包靠背，座面的宽度就要多预留 5cm。同样，如果座面也使用软包的话，木工在制作基础的时候也要降低 5cm 的高度。

顶面 [石膏板造型 + 灯带]

地面 [地砖拼花 + 波打线]

右墙 [银镜 + 木质雕花线条喷金漆]

居中墙 [入墙式餐边柜 + 茶镜]

右墙 [车边菱形镜 + 石膏罗马柱 + 玻璃搁板]

左墙 [墙纸 + 镂空木雕挂件 + 黑胡桃木饰面板]

顶面 [石膏板造型 + 灯带]　地面 [地砖拼花 + 波打线]

口 [中式回纹木雕]　地面 [地砖拼花]　　　　　　　　右墙 [彩色乳胶漆 + 装饰挂画]

面 [石膏浮雕]　　　　　　顶面 [石膏板造型 + 灯带]　　　　　　地面 [仿大理石地砖 + 波打线]

墙 [壁画 + 夹丝玻璃 + 深咖网纹大理石踢脚线]

软装扮家　　　　　　　装修小技巧

餐边柜可以实现餐厅的收纳功能，如何按装修风格进行选择？

　　餐边柜的风格要与家居整体风格相协调。如果选择欧式餐边柜，不光造型美观漂亮，线条优美，细处的雕花、把手的镀金都是体现工艺的亮点。如果是中式的，那么柜体的选材上以全实木为主，橡木、樱桃木、桃花芯木、檀木、花梨木等都是不错的材种，色彩上也以原木色为主，体现木材自然的纹理和质感。如果是现代风格的，那么餐边柜也可以选择一些冷色调，以大面积的纯色为主，增加一些金属材质、烤漆门板等新材料的运用。

右墙［彩色乳胶漆＋黑镜］

左墙［定制收纳柜］

顶面［石膏板造型＋灯带］

地面［微晶石地砖］

顶面［石膏板线条刷金漆＋石膏雕花刷金漆

垭口［石膏罗马柱］

顶面［石膏板造型嵌黑镜］　地面［大理石拼花］

墙［墙纸＋白色护墙板］　　　　　顶面［石膏板造型＋灯带］　地面［米白色抛光砖］

墙［餐边柜＋烤漆玻璃＋印花玻璃移门］　左墙［餐边柜＋灰镜］　　　　顶面［石膏板造型＋银箔］

面［皮质硬包＋大理石线条收口］

软装扮家　　　　　　　　　　　装修小技巧

餐桌上摆花可以让人心情舒畅，布置时应注意哪些技巧？

　　餐桌摆花的种类，主要有插花、盆花和碟花等几种。插花可随意一些，一束错落有致的月季、康乃馨，稍加一些绿叶或香石竹作陪衬，就足以令人心动。盆花宜选择低矮丛生、密集多花的种类，如仙客来、非洲紫罗兰、风信子、金盏菊、四季秋海棠等。碟花采用植物的枝、叶、花、果在碟里造型，制作简便易行。在色彩选择上，深色的餐桌应选用色彩明亮花卉，如白色、浅黄、浅粉、淡紫色等；而浅色的餐桌可选择色彩艳丽的花卉，如橙色、紫红、深红、橙红等。

隔断 [木格栅]

左墙 [入墙式餐边柜]

右墙 [铁刀木饰面板]

左墙 [入墙式餐边柜]

顶面 [石膏板造型 + 灯带] 地面 [仿大理石地砖]

左墙 [墙纸 + 装饰画]

左墙 [墙纸 + 灰镜]